JC総研ブックレット No.20

地域運営組織の課題と模索

山浦 陽一◇著
小田切 徳美◇監修

はじめに

本書のテーマは、農山村の地域運営組織の実態を明らかにし、課題とその解決の糸口を見つけることです。

２０００年代後半以降、全国的に地域運営組織（Region Management Organization、以下ＲＭＯ）設立の動きが広がっています。２０１６年度の総務省の調査では、６０９市町村で３０７１組織が活動している、とされています。ＲＭＯの多くは（旧）小学校区単位で組織されていますが、それは明治の合併の町村のエリアと重なるケースが多くなっています。明治の合併後の市町村数は約1・5万であり、単純に比較するとＲＭＯのカバー率は2割程度まで広がってきていることになります。

ＲＭＯが広がりつつある理由のひとつに、市町村行政による積極的な設立推進があります。２０００年代に入って以降、市町村合併や財政逼迫による行政サービス低下、「限界集落」に象徴されるコミュニティ機能の低下、スーパーや路線バス、ガソリンスタンド等の生活インフラを支えてきた民間事業者の撤退等についての危機感が強まっています。これらの行政や集落、民間事業者に代わり、地域が抱える課題の受け皿として、ＲＭＯの設立を推進する市町村が増えています。

そしてその成果も出始めています。総務省調査によると、それぞれの組織では、サロン事業や見守りサービス等、高齢者のサポートを中心に、様々な活動が展開しています。移送サービスや地域共同売店、ガソリンスタンドといったコミュニティビジネスに取り組む組織も少なくありません。またこれまでブックレットで取り上げられてきた地域と外部人材や大学との連携、移住者の生業創出、廃校活用、中山間地域等直接支払制度等も、ＲＭＯが受け皿となっている事例が報告されています。ＲＭＯは、農山村再生のプラットフォームとして重要な機能を担う組織といえます。

他方で、現場では組織のリーダーや事務局スタッフの確保の困難性、住民の当事者意識の弱さ、活動のマンネリ化、部会制の機能不全などの課題が指摘されています。本書では、それらの実態と要因や背景、さらにはその課題克服に向けて奮闘する現場の姿を紹介します。

結論を先取りすると、ＲＭＯの標準的な仕組みの採用、また行政による一般的な支援を受けても、それだけで活発な取り組みが生まれるわけではないようです。当初は上手くいっているように見えても、設立時に作った仕組み、組織構造がその後徐々に機能しなくなる組織があります。他方でそれらの課題の克服のため、既存の枠組みにとらわれない新しい活動も行われており、また課題の共有や体制の見直しの試みも生まれつつあります。それらを整理すると共に、求められる支援策についても検討します。

事例としては、大分県宇佐市の深見地区まちづくり協議会を取り上げます。宇佐市では、市役所がＲＭＯの設立に積極的に関与しており、各組織も小学校区単位に組織され、部会制を備えるなど、ＲＭＯの典型例としての性格を持っています。また以前より研究室のゼミ生を受け入れてもらっており、筆者と接点がありました。宇佐市は、全国的に見てもＲＭＯの支援に熱心な市のひとつですが、深見地区はその宇佐市内でも最も活発な取り組みをしている組織のひとつです。ただその熱心な活動の一方で、人材の確保や組織の運営に課題を抱えており、その課題の克服に向けた試行錯誤が続いています。順風満帆な優良事例の紹介というよりも、現在進行形の課題や悩みを共有し、解決に向け奮闘する姿から展望の糸口をつかみたい、という意図で事例として選定しました。

なお、本書は行政によるＲＭＯ設立への関与やその後の支援を否定しているわけではない点を、あらかじめ強調しておきます。分析を進めていくと、ＲＭＯの活動の停滞や組織の形骸化の背景には、行政による支援のあり方が影響していることが浮かび上がってきます。しかし上で述べたように、ＲＭＯは農山村再生のプラットフォームとして重要な存在であり、今後もその設立、運営を行政は積極的にサポートすべきです。問題はその手法やプロセスであり、あるべき支援の姿を現場での試行錯誤の中から見出していくことが、本書の課題です。

また、本書ではＲＭＯの組織運営上の課題、特に部会制のあり方について検討しますが、ＲＭＯを巡っては、地域内の既存組織との関係、協議機能と実践機能の関係、法律上の位置づけ、法人形態のあり方など、他にも多様な論点があります。しかし現場にお邪魔する中で、多くの組織が人材の確保や、住民、関係組織の主体性、当事者意識の醸成に苦心し、会長や事務局など一部のメンバーに負担が集中している状況を目にしてきました。その実態把握と要因の分析、並びに対応策の検討が最優先の課題であると考え、本書のテーマを選択しました。

Ⅰ　RMOの性格と行政の関与

1　RMOの設立の契機

表1に示すように、RMOの設立の経緯は、大きく2つのパターンに分けられます。1つ目は市町村行政からの提案、呼びかけを契機に設立されるケース（行政関与強）、もう1つは地域で独自に設立されるケースです（行政関与弱）。

まず前者では、地区公民館の再編や、旧校舎の整備等、具体的な施策に絡んで設立される場合と、市町村合併や財政逼迫、「限界集落」問題、生活インフラの脆弱化等を背景に、いわゆる先進事例や周辺市町村の動き、県の姿勢にも影響されながら打ち出される場合があります。

この設立推進の理由に関連して、設立のタイミングも

表1　RMO設立の経緯の種類

大分類	特徴	小分類	特徴	事例
行政関与強	・行政からの呼びかけ・提案で設立 ・設立・運営についての行政支援 ・歴史は浅い	一斉タイプ	公民館のコミセン化・職員引き上げ等が主な契機	兵庫県豊岡市 山形県川西町
		順番タイプ	年間の設立数の目安を決めそれに沿って設立	大分県宇佐市 （本書の事例）
中間	・行政は設立・運営支援の仕組みは整えるが、直接的な設立の働きかけはしない ・歴史は浅い	—	—	大分県臼杵市・豊後大野市
行政関与弱	・地域の主体的な判断 ・行政の関与弱い ・周辺への波及効果弱い ・歴史がある組織も	陳情組織タイプ	事業実施、迷惑施設設置反対、学校存続等の活動発展	新潟県十日町市 浦田地区
		単独事業タイプ	農業、福祉、防災、地域売店、スポーツ等単独組織の発展型	山口県山口市 ほほえみの郷トイトイ

行政が設定するケースが少なくありません。公民館のコミュニティーセンター化や職員の引き上げ等が契機の場合、管内全域で期限を区切って短期間に、場合によっては全地域で同時にＲＭＯを設立することもあります。もしくは、行政の対応能力から、年間にいくつずつ、という形で進められる場合もあります。また行政が主導して設立を進める場合、その根拠となる条例や要綱が整備されることが多くなっています。職員の派遣、ノウハウの提供、資金・施設等の各種支援も実施されます。

後者は、市町村行政の明確な推進施策がない中で、地域の主体的な取り組みとして設立されるケースです。この中には、迷惑施設受入反対、学校の存続運動等の要望・陳情組織の発展タイプ、農業や農産加工、直売所、福祉、防災、売店、スポーツ等の単一分野の取り組みの発展タイプなどがあります。

この場合、基本的には当該地区の独自の自主的な取り組みであり、周辺へ波及するケースはあまり多くありません。行政としても条例や要綱は未整備のままで、各種の支援も相対的に見劣りする場合が少なくありません。設立時期は多様で、特に陳情組織タイプを中心に数十年の歴史を持つ組織もあります。

ＲＭＯの設立は主にこの2つのパターンに分けられ、これが組織の性格や活動内容にも大きな影響を与えることになります。両者の広がりについて、厳密な比較は出来ませんが、これまでの現地調査や各種論文、レポートの内容を踏まえると、前者の行政の関与の強いパターンが多くを占めていると考えられます。そこで本書では、この行政が積極的に関与したケースを取り上げます。次節以降、その典型例として、大分県宇佐市の取り組みを検討します。

２　行政の積極的な関与によるＲＭＯ育成――大分県宇佐市の取り組み

（1）宇佐市のまち協の概要

1 宇佐市の概要

　宇佐市は大分県北部に位置し、東は豊後高田市、杵築市、日出町、西は中津市、南は別府市、由布市、玖珠町に接し、北は周防灘に面しています（**図１**）。２０１６年10月現在、人口は５・６万人、２・３万戸で、高齢化率は２０１５年10月現在で34・０％となっています。交通面では、市内を東九州自動車道が北西から南東に通り、宇佐、院内、安心院の３つのインターチェンジ（ＩＣ）があります。宇佐ＩＣから大分市中心部までは約60㎞、１時間弱の距離です。鉄道は海岸線をＪＲ九州の日豊本線が通り、宇佐駅、柳ヶ浦駅に特急ソニックが停車します。柳ヶ浦駅から小倉駅、大分駅までそれぞれ約45分、博多まで約90分の時間距離です。

宇佐市

安心院町
深見地区

大分県

図１　宇佐市安心院町深見地区の位置

現在の宇佐市は２００５年に旧宇佐市、安心院町、院内町の三市町による合併で誕生しました。旧宇佐市は市北部に位置し、大分県では珍しくまとまった平野部に整備された水田が広がります。安心院町と院内町は市の南部に位置し、傾斜地で棚田が多く、また丘陵部ではぶどうやゆず、お茶の栽培が盛んです。

② 宇佐市のまち協の概要

宇佐市では合併後の２００８年度から、(旧)小学校区に相当する昭和の合併以前の地域単位での新しいコミュニティ組織の設置を進めてきました。組織の名称は各組織が独自につけますが、15組織中８組織が「●●地区まちづくり協議会」としているため、本稿では、宇佐市のＲＭＯを便宜上まちづくり協議会（略して「まち協」）とします。

２０１６年度で15組織が設立されていますが、安心院町、院内町では全域で設立が終わっており、組織数は安心院町が４、院内町が５となっています。現在は旧宇佐市で設立が進んでおり、17地区中６地区で設立が終わっています。

まち協の活動エリアは（旧）小学校区で、旧安心院町では、同じ単位に地区公民館が設置されています。まち協には当該校区内の、自治区、ＰＴＡ、消防団、老人クラブ等の各種組織・団体が参加し、会長は基本的に区長会長が務めます。正副会長、事務局、各部会３役（正副部会長、部会事務局）、監事で役員会を構成します。組織としては、４つ前後の部会制を取るまち協が多く、分野としては教育、福祉、環境、防災が一般的です。部会には、各種団体・組織から関連する分野の部会に数人ずつ参加します。事務局はそれぞれ2～3人となっていますが、うち1人分の人件費は後にみるように市が集落支援員制度を利用し負担しています。現在15あるまち協のうち、13組織は任意組織で、後述の深見地区と津房地区が法人化しています。法人の形態はどちらも認可地縁団体です。

活動資金は市からの交付金がメインですが、市道の管理や資源回収、自動販売機の設置など、各種自主財源の確保にも挑戦しています。また市の支援の下、すべてのまち協が公民館や集会所、（旧）校舎、民間施設の借り上げ等で活動拠点となる施設を確保しています。

（2）市役所によるまち協設立・運営支援の仕組み

1宇佐市のまち協支援の内容

宇佐市役所のまち協に対する支援の特徴は、次の5点をセットにして提供している点にあります（**表2**）。①設立・運営のノウハウ、②運営・活動資金、③拠点施設、④設立・運営をサポートする人材、⑤組織の正統性付与の5つです。1つずつ見ていきましょう。

①のノウハウについては、設立時に他市町村の事例、また市内の先行するまち協の実績を踏まえ、市役所が規約や組織図の案を準備し、それを叩き台に議論が進みます。また④の人材ともかかわって、市役所の担当職員が主導して設立に向けた各種会議の運営、資料作成、広報、アンケート実施等の作業を行います。設立に当たって

は地区内の各種組織・団体の代表者からなる準備委員会が組織されますが、その運営は全面的に市役所職員が担う形をとっています。設立前後の研修会や、先進地視察も市職員がセッティングを行います。

次に②の資金面での支援ですが、まず組織設立年度中の支援策として「地域コミュニティ推進業務委託料」があります。設立後の地域づくり計画策定のサポート、具体的には事務局の人件費、事務所の備品等の整備、会議費、視察、研修の費用をみるもので、金額は1組織あたり80万円前後です。

設立後は「地域コミュニティ組織運営交付金」が主な支援の手段となっていま

表2　宇佐市のまち協支援の５点セット

	内容	背景	課題
①設立・運営ノウハウ	アンケート調査の設計支援、規約や組織図案の提供、スケジュールの策定	予算要求等、行政のスケジュールとの整合性	タイトなスケジュール、当事者意識・主体性醸成の不足、設立後のサポート不足
②運営・活動資金提供（※詳細は表３参照）	事務局人件費、運営費、活動費（使途は基本的に自由、11年目以降減額、人口・戸数割）、市道管理委託	自主財源確保の困難性、行政サービス代替の役割	活動量に合わせた支援の困難さ（特に事務局人件費）
③拠点施設提供	（旧）校舎・公民館提供、指定管理、民間施設借り上げ経費助成	活動の活発化のため、事務局が常駐（定期的に駐在）する運営・活動拠点の必要性	－
④人材提供	市役所担当者が設立時の事務局担当、地域おこし協力隊５人が運営サポート	設立のハードルを下げ、スピードを上げる、活動の幅を広げ、協力隊の移住につなげる	設立時中心、市役所内部での横の連携
⑤正統性付与	市役所が組織を認定、その上でコミュニティ事業協働協定書締結、関連条例・指針・行動計画・ビジョン等の制定	市役所からの支援の根拠の明確化（地域内でのまち協の位置づけの明確化）	－（旧来の自治区、公民館との役割分担・位置づけ）

資料：宇佐市観光まちづくり課資料、および聞き取り調査より作成。

す。この交付金は、**表3**にあるように、個別の4つの交付金から構成されます。まず「自立運営事業」ですが、まち協の運営に必要な経費に充てられます。具体的には事務局1人分の人件費と、通信費、電話代、コピー機等事務局運営に必要な基礎的な経費、また拠点施設を借り上げる場合はその経費をみます。人件費の水準は、1日8750円で、週3日として算定されています。ただしこれはあくまで算定根拠であり、実際の配分は、予算の範囲内で従事した時間に応じて支払われています。全体の金額は年間150～200万円で、地区の人口や集落数によって上下します。財源は主に総務省の集落支援員制度を活用しており、市の持ち出しは1割程度です。次の「継続運営事業」は、自立運営事業の後継事業で、金額が自立運営事業の4分の3程度に減額となります。自立運営事業は設立から10年間で終了となり、11年目からこの継続運営事業に移行します。それまでの間に自主財源を確保することが求められています。それ2016年度現在で、最も古い組織が設立から9年目であり、

表3　宇佐市「地域コミュニティ組織運営交付金」の概要

事業名	内容	金額	主な財源
自立運営事業	まち協の運営費（事務局1人分の人件費と事務局運営経費）、10年目まで	上限200万円（均等割130万円＋人口割＋集落数割）人件費は8,750円/日	集落支援員制度（約9割）、市の一般財源（1割）
継続運営事業	11年目以降の運営費	上限150万円（自立運営事業の概ね3/4の金額）	自立運営事業と同じ
まちづくり計画実践活動事業	まちづくり計画に謳った活動実践の経費、11年目以降3/4に減額	上限90万円（均等割＋人口割＋集落数割）	過疎債ソフト事業
ふるさと応援寄付金活用事業	まちづくり計画実践活動事業交付金の上乗せ	寄付金全額を当該まち協へ交付（返礼品は市が負担）	ふるさと納税「コミュニティ組織応援」の金額

資料：宇佐市観光まちづくり課資料および聞き取り調査より作成。

まだこの継続運営事業に移行したまち協はありません。

「まちづくり計画実践活動事業」は、まち協設立後に各まち協が定めるまちづくり計画の実践のための経費に充てられます。上限は年間90万円で、これも人口や集落数により上下します。財源は過疎債のソフト事業です。多くのまち協ではこれが活動財源のメインとなっています。

最後の「ふるさと応援寄附金活用事業」は、国のふるさと納税を活用したまち協の活動助成です。この制度は、寄附者が特定のまち協を指定して寄附ができ、その寄附額全額が指定されたまち協の活動費となります。返礼品の費用等は全額市が負担する仕組みです。２０１０年から開始されたもので、年により上下しますが、全体で４００万円程度、多いまち協では２００万円前後を受け取っているケースがあります。

この「地域コミュニティ組織運営交付金」は、まち協のみを対象にした制度ですが、これ以外に「がんばる団体応援事業」があります（1事業あたり年間上限50万円）。自治区やＮＰＯ等も応募しますが、まち協も利用することができます。また大分県の「里のくらし支援事業」も多くのまち協が活用しています。

また２０１５年度からは、空き家バンクの成約奨励金である「ＵＩターン者受入地域支援事業奨励金」制度も始まりました。各まち協管内で空き家バンクの売買、賃貸の契約が成立した際に3万円が市からまち協に支払われます。移住者受入に当たっては、まち協が現地の案内や面談を行いますが、その対価という意味と、まち協に移住者、空き家問題に積極的に取り組んでもらうことを狙っている制度です。
③の拠点施設については、公民館や（旧）校舎の一部を無償貸与します。地区内に適当な市の施設がない場合

は、民間の施設の借り上げを認めており、２０１６年度現在で１件あります。なお後に見る深見地区の交流ステーションのみ指定管理となっています。

④の人的支援としては、先に見たようにまず設立時の全面的なサポート体制があります。さらに設立後も、事務局が決まっていない場合は、引き続き市役所職員が事務局を代行する場合があります。これまで最も長いものでは、11月の設立総会後から翌年の３月末まで、市の職員が担当したケースがあります。

宇佐市では本庁に２人、安心院町、院内町の各支所に２人ずつまち協担当が配置されており、その職員が設立や運営支援を担います。なお安心院町、院内町は既に設立が終わっており、担当者のまち協関連の業務量は全体の１～２割となっています。本庁では、現在進行している旧宇佐市の設立支援と、市全体の関連制度のマネジメントを担っており、２人の業務量の５割前後がまち協関連となっています。

なおこれだけではＲＭＯの設立を進める他の市町村と比較して、陣容が特別充実しているとはいえませんが、その分５人の地域おこし協力隊が、別動隊として各まち協のサポートに当たります。協力隊１人当たり２～３つのまち協を担当し、事務作業、ＨＰ管理、チラシ作成、イベントの手伝い等を担います。

最後の支援対象としての正統性については、各まち協が設立後に10年間のまちづくり計画を策定し、それを踏まえ市役所が当該まち協を「認定地域コミュニティ協議会」に認定します。同時に市とまち協で「地域コミュニティ推進事業協働協定書」を締結し、それを根拠に様々な支援を実施していく、という形でオーソライズしています。

またその背後には、「自治基本条例（２０１４年12月制定）」、「協働のまちづくり指針（２００８年7月策定）」、「協働のまちづくり行動計画（２０１１年3月策定）」、「地域コミュニティビジョン（２００９年8月策定）」があり、市役所によるまち協支援の正統性を担保しています。

以上は個別のまち協への支援ですが、まち協全体に対しては、「宇佐市地域コミュニティ組織連絡協議会」の設立、運営を市役所としてサポートしています。市役所が事務局を担い、連絡協議会の拠点施設として後述の宇佐市地域交流ステーションを整備し、年1回の研修会の開催、年1~2回の事務局間での情報交換会を実施しています。

ここで、宇佐市がまち協の設立・運営支援に取り組む背景についても触れておきます。最大の動機は市町村合併の影響の緩和です。合併後、市役所内に「周辺部対策検討委員会」が設置され、合併の影響についてのアンケート調査を実施したところ、特に安心院町、院内町から首長の不在、各種行政サービスの水準低下、行政とのコミュニケーションの希薄化等の声があり、対策が検討されました。その結論が地域コミュニティ組織の活性化であり、具体的な対応を任された担当職員の研究の結果、ＲＭＯの取り組みに行き当たりました。

体制としてはまず２００８年度、企画課の中にコミュニティ係が設置され、まち協の設立が始まります。２年目に市長が代わり、さらに本格的に取り組みが推進されます。２０１０年度からは、観光まちづくり課が新設され、コミュニティ係も企画課から移管され、現在の体制になりました。

2 まち協設立のプロセス

以上のように宇佐市の支援は、ノウハウ、資金、拠点施設、人材、正統性と、５つの支援策をセットにして提供している点が大きな特徴です。この５点セットに加えて、その設立のスケジュール設定にも市役所の積極的な関与が見られます。

宇佐市では２００８年度以降、まず安心院、院内で毎年１つずつ、その後旧宇佐市で毎年１つずつ設立してきました。これは、市役所サイドの人員で設立できるのが年に１つ程度と想定していたためです。地域によって多少前後しますが、各まち協の設立のスケジュールは**表４**の通りです。

水面下での関係者への根回し等は適宜行われており、また区長の交代等中心メンバーが揃うタイミングを睨んで、他の地区と設立の順番を調整するなど、実態はもう少し柔軟なプロセスとなっています。しかしそれらを考慮しても、オフィシャルなスケジュールとしては９月に準備委員会が立ち上がり、２ヵ月後には設立総会、さらに３ヶ月でまちづくり計画も完成という、かなりタイトなものになっています。このスケジュー

表４　宇佐市におけるまち協設立のスケジュール

06 月	市全体の区長会の理事会で本年度の進め方を提案
07 月	旧市町の区長会で説明 当該年度取り組む地区で説明会
08 月	当該年度に取り組む地区が決定、準備委員会設立準備（委員構成、役員等検討）
09 月	準備委員会発足（住民アンケート実施、規約、組織、役員、名称、活動、予算、拠点施設等検討）
11 月	設立総会
12 月	まちづくり計画策定作業開始（アンケート分析、視察、研修）
03 月	まちづくり計画完成
04 月	市から認定書交付、協定締結
05 月	総会でまちづくり計画承認、活動開始

ルの大きな理由は、農繁期を避けるのに加え、市役所側の予算執行や人員配置の都合上、年度の区切りを意識したスケジュールにせざるを得ない点にもあります。ちなみにこのスケジュールは、２００８年度の最初のまち協設立時からほぼ変わっていません。やや性急なスケジュールではありますが、これまで結果として順調にまち協が設立されており、大きな問題があるとは認識されていません。

Ⅱ　ＲＭＯの成果と課題

1　深見まち協の成果と課題

（1）深見地区まち協の概要

具体例として、旧安心院町の深見地区のまち協を取り上げます（以下「深見まち協」）。深見地区は、市の南部に位置し、地区の中心部から市役所まで約25分の時間距離です。２０１６年４月現在、35集落、人口１５０５人、６６４世帯で、高齢化率は48・２％となっています。まち協設立直前の２００８年には、人口は１８１３人、高齢化率は42・９％でした。生活インフラとしては、保育園と小学校（本校と分校が１つずつ）、２つの郵便局があり、スーパーもひとつありますが、中学校は２００７年に閉校し、農協の店舗とガソリンスタンドも閉鎖されています。

深見まち協は市内３番目のまち協として２００９年11月に発足しました。組織体制は以下の通りですが、概ね先の市の平均的な姿に準じたものとなっています（**図２**）。まず役員構成ですが、会長は各集落の区長の集まりである区長会長の当て職としており、任期は基本的に２年です。２０１４年度からは３代目の会長となっていますが、これまでの３人とも70代男性で、教員や市役所ＯＢが務めています。４人いる副会長は、いずれも地域内の関係組織・団体の当て職で、具体的には小学校校長、公民館長、老人クラブ会長、区長会副会長が任にあたります。

事務局は会長の指名制で2人おり、1人はまち協の専任で、後述のように発足当時から8年間一貫してA氏が勤めています。A氏は60代前半の男性で、地元出身、地元在住ですが、長年市外で勤めていました。早期退職後に深見中学校の存続運動にかかわり、それを契機に中学校近くの農協の跡地で農産物・加工品のインショップやワイン醸造を行う「企業組合百笑一喜」を立ち上げ、その代表を務めていました。まち協設立に当たり専任の事務局の成り手がおらず、百笑一喜の代表を退き事務局に就任しました。

もう1人は深見地区の公民館の社会教育指導員の当て職で、2014年度からは地元出身の60代前半の女性のB氏が務めていますが、B氏はまち協発足当初か

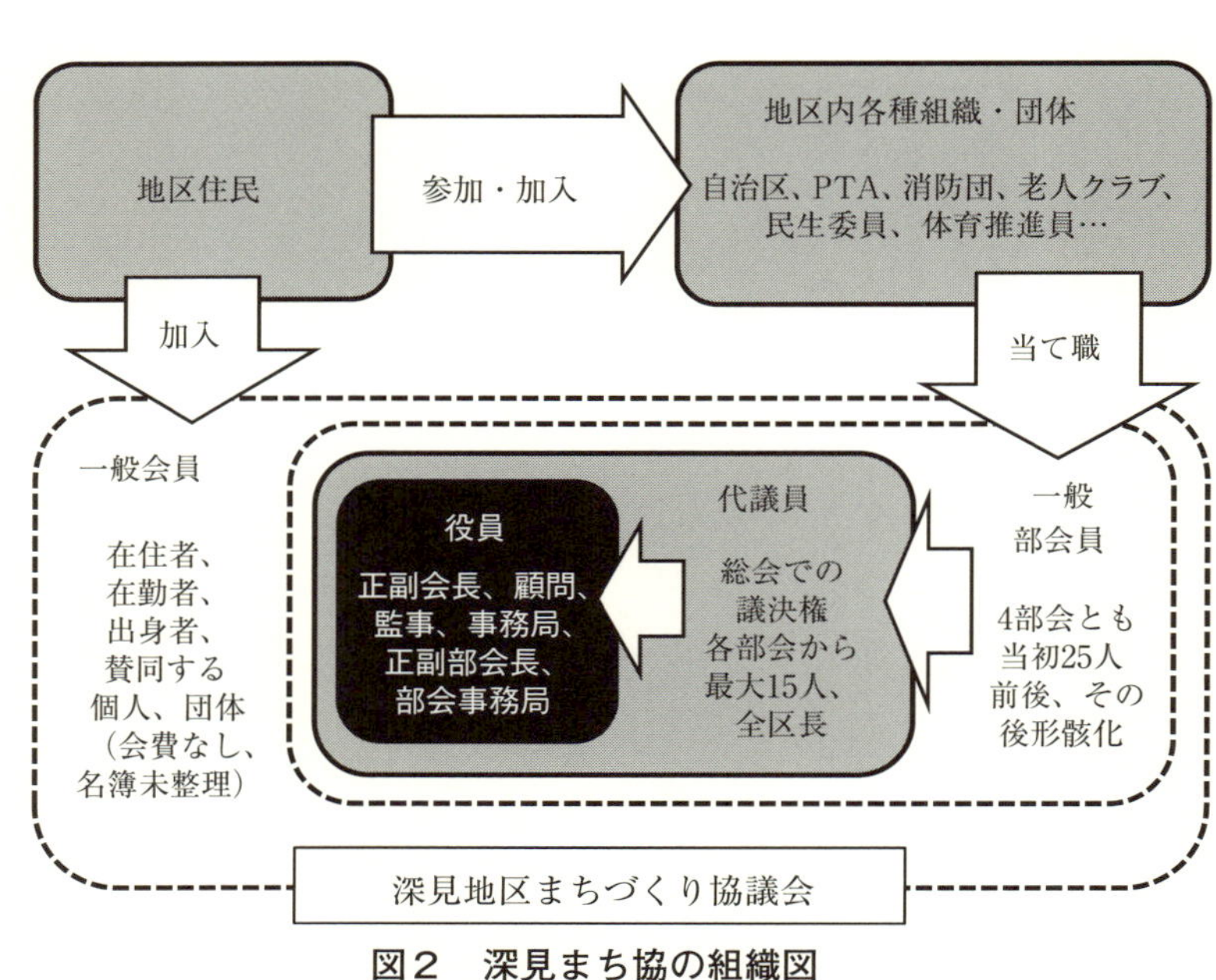

図2　深見まち協の組織図

資料：深見地区まちづくり協議会資料、および聞き取り調査より作成。

ら後述の生活環境部会の事務局も担っています。まち協設立以前から地元新聞に地域の情報を定期的に投稿しており、地域づくりに本格的に取り組みたいと思っていたそうです。基本的に部会員は関係組織・団体役員の当て職ですが、Ｂ氏は当時の老人クラブ会長の推薦で部会員となっています。その後公民館の指導員も任されます。それまで指導員は教員や市役所職員ＯＢが務めることが多かったのですが、Ｂ氏は意欲と能力を買われ異例の抜擢となりました。なおＢ氏は現在公民館の指導員とまち協事務局、部会事務局の３つのポジションを兼ねていますが、手当ては指導員として市教育委員会から出ており、基本的に社会教育、生涯学習以外の活動を業務として行うことはできません。したがって、まち協事務局の業務のほとんどはＡ氏が担当しています。

深見地区でも他の地区同様部会制を取っており、教育文化部会、地域づくり部会、健康福祉部会、生活環境部会の４部会が置かれています。教育文化部会は小学校教職員、ＰＴＡ、公民館、保育園関係者等からなり、発足当初は21人で構成されていました。地域づくり部会は区長、地域在住市職員、商工会職員、農業委員、農協職員等27人です。健康福祉部会は、老人クラブ、民生委員、社協職員、郵便局職員、農村民泊受入女性等23人、最後の生活環境部会は消防団、交通安全協会、猟友会、市職員ＯＢ等26人です。それぞれの部会に正副部会長、事務局が置かれます。

まち協としての意思決定については、年に1回、5月に総会が開かれます。代議員制を取っており、35ある集落の区長と４つの部会の部会員が構成員となっています。年度途中での突発的な協議事項については、正副会長、事務局、各部会役員等で構成される役員会でオーソライズしています。

活動の拠点は、廃校になった深見中学校の校舎ですが、２０１３年度に市と県の支援により改修され、現在は「宇佐市地域交流ステーション」という名称となっています（**写真１**）。この交流ステーションには、まち協の事務所だけでなく、児童クラブ、そして大分大学のサテライト施設も同居しています。

（２）深見地区まち協の活動内容

次に深見地区まち協のこれまでの活動から、ＲＭＯの活動の成果について検討します。まず２０１６年度の各部会の事業計画から見てみましょう。教育文化部会は、小学校、老人クラブと連携した「爺・婆先生」や「ふれあい給食」事業、ＰＴＡ主催のボランティア活動支援、小学生も参加する地域おこし協力隊主催のイベントへの支援が計画に盛り込まれています。地域づくり部会では、小規模集落の草刈・道路整備支援、

写真１　宇佐市地域交流ステーション（旧深見中学校）の玄関

小学校の文化祭と合同の秋祭りの支援、ふるさと納税広報、林道整備による自主財源確保、「活き活き野菜生産運動（野菜栽培講習会）」による百笑一喜への野菜出荷者確保、移住者誘致・支援等を行うこととなっていました。実際には、小規模集落の草刈には例年通り約30人が参加、秋祭りは事前準備に70人が参加、当日は６００人以上の来場者がありました。移住者サポートについても、地域おこし協力隊の１人がまち協のサポートを受けて深見地区に移住しています。

次に健康福祉部会ではしめ縄作り・販売による高齢者の収入確保とまち協の自主財源確保、「安心・安全お守りキット」の管理、「お守りカード」事業の開始等に取り組むとされています。最後の生活環境部会は、救命救急法研修、防災士養成、交通安全啓蒙看板設置、ホウ酸団子配布、集落ごとの花壇整備、寄せ植え教室、秋祭りにあわせた写真コンテストなどです。２０１６年度の事業計画では、４部会合計で30事業に取り組む予定となっており、２０１７年1月現在、既に多くの事業で一定の成果が出ています。ちなみに組織設立時に10年間の活動案として策定したまちづくり計画には、76の事業案が明記されており、２０１６年度の30という事業数はその約４割にあたります。

さらに、深見地区のまち協では、４つの部会以外にも活動が行われています。指導者不在により活動が縮小していた神楽座の練習場所、披露の場の提供、後述の女性グループに対する活動機会提供、そして交流ステーションの指定管理の受託等です。

すでに終了したものでも、大きな成果を残した事業が多くあります。例えば教育文化部会では、小学校、保育園と連携した東日本大震災被災地交流プログラムである「七夕ぶどう」プロジェクト、小学校、大学と連携した集落のマップ作成やぶどう園再生プロジェクト（**写真2**）、児童クラブ設立支援などです。

財源確保にも積極的に取り組んできました。2015年度の収支の内訳をみると（**表5**）、市からの運営交付金は収入全体の18・1％に留まります。最も額が大きいのは後述の交流ステーションの指定管理料ですが、これもまち協設立以来大学との連携を重視し、活動を積み重ねてきた結果、市から引き出したものであり、まち協の主体的な取り組みが実を結んだものと言えます。またその大学の受入も、体験実習のコーディネートとして対価を得ており、林道、市道、公園等の管理と並んで大きな収入となっています。また移住者受入にも力を入れ始めています。2015年度は空き家バンクの成約が2件あり、その成約奨励金もま

写真２　ぶどう園再生プロジェクトの作業終了時の様子

ち協の収入となっています。
深見地区は２０１６年度で設立から８年目ですが、以上の内容を見れば、着実に成果を出しているといえます。

（３）まち協が抱える課題

１ 各部会の活動の実態

深見地区は、宇佐市内でも最も活動が活発に行われているまち協のひとつであり、地域一体となって積極的に活動しているようにみえますが、実際には課題も少なくありません。その中でも特に深刻なのが部会の形骸化です。各部会は関連する組織・団体から25人前後で構成され、正副部会長、事務局を中心に自立的に運営することが期待されていました。そして上で見たように、一見各部会とも活発に活動が行われているように見えますが、実態はだいぶ異なります。以下部会ごとに２０１６年度の活動の詳細を見てみましょう。

表５　深見地区の 2015 年度の収入

大項目	小項目	小項目の金額	大項目の金額
地域コミュニティ組織運営交付金	自立運営事業	194.4 万円	274.4 万円（18.1％）
	実践活動事業	75.0 万円	
	ふるさと応援寄付金	5.0 万円	
交流ステーション関係	指定管理・委託料	650.9 万円	694.6 万円
	宿泊・施設使用料等	43.7 万円	
イベント・サークル会費		39.9 万円	
その他主な「自主財源」	林道・公園等管理	121.9 万円	188.3 万円（12.4％）
	大学実習受入	60.4 万円	
	空き家バンク成約金	6.0 万円	
その他（植樹事業支援等）		143.1 万円	
繰越金		176.8 万円	
計		1517.1 万円（100.0％）	

資料：2016 年度深見まち協総会資料より作成。
注：カッコ内は収入額全体に占める割合。

まず教育文化部会は、２０１６年度の事業計画では、①「ふれあい給食」、②「爺・婆先生」、③ＰＴＡ地域ボランティア、④協力隊イベントでの小学校との連携、の４つの事業を行うとされていました。しかしいずれもまち協事務局が直接小学校や老人クラブ、ＰＴＡ、協力隊と意思疎通を図っており、部会として企画や運営に携わる場面はありませんでした。老人クラブへの謝礼、給食代、資材費など、経費についての支援もまち協から行われますが、それも事務局が直接事務作業を担います。また４事業中①②③の３事業は、まち協設立以前から行われていたもので、それがまち協に引き継がれた形です。主に小学校が主体となっていましたが、児童数減少による人員、予算の縮小により継続が難しくなっており、それをまち協事務局が代替する形となっています。４事業中まち協が独自にはじめた事業は④のみで、それも部会を挙げての活動ではなく、協力隊と小学校、Ａ氏が中心となり行ったものです。

次に地域づくり部会ですが、総会資料では２０１６年度14の事業に取り組むとされていました。この14の事業のうち、小規模集落の草刈や林道整備等、市役所からの提案、依頼で事業計画に盛り込まれたものが５つありますが、残りの大部分は事務局のＡ氏の発案で始まったものです。２０１６年度、事業計画に盛り込まれた14事業中、実施されたのは10で、残り４つは取り組めていません。実施されたのは、先進地研修、小規模集落の草刈支援、林道整備、移住者支援などですが、どれも事務局のＡ氏が各自治区や市役所、小学校、大学、個別の参加者に連絡を取り、実施しています。例えば先進地研修では、研修先の選定、先方との交渉、交通手段の確保等、林道整備では、市役所との調整、作業場所の下見、参加者への連絡等をＡ氏が１人で行い、参加者も部会員か否かを問わずに集めています。移住者支援も、各区長への空き家調査の依頼や、移住者の面談等をA氏が1人で行っています。ちなみに深見地区では上で見た空き家バンクの成約奨励金を、まち協が全額自主財源とするのではなく、1万円は当該自治区に、区長と大家さんにも5千円ずつを還元していますが、これもA氏のアイディアです。

健康福祉部会は3事業を予定していましたが、実施されたのは老人クラブによるしめ縄作りの1つのみです。まち協発足直後の2010年度から取り組んでいるもので、老人クラブがしめ縄を製作、それをまち協が販売し、それぞれの自主財源に充てる、というものです。これもA氏の発案で始まったものでした。当初A氏の構想では、しめ縄だけでなく、竹箒や竹かごなども製作し、それをまち協が買い上げ、運動会や秋祭りの景品とし、財源を確保する計画でしたが、しめ縄以外はまだ実現していません。健康福祉部会ではしめ縄以外に、「安全・安心お守りキット」「お守りカード」事業の2つに取り組む予定でしたが、実施できていません。お守りキットは、高齢者の病歴や服薬等の情報を冷蔵庫等で保管し緊急時に活用するもので、定期的な情報の更新が不可欠ですが、ここ3年、作業が出来ていません。「お守りカード」はお守りキットとは別に、財布等に入れておくもので、カードそのものは既に購入しているものの、これも数年実施されていません。

最後に生活環境部会は、総会資料では2016年度9つの事業に取り組むとされていました。その内実施されたのは、清掃活動、ホウ酸団子づくり、花壇整備、寄せ植え教室、写真コンテストの5つです。写真コンテストは事務局A氏の発案ですが、それ以外は部会としての発案で、活動もA氏ではなく、部会事務局のB氏を中心に行っています。各事業の参加者もB氏が個人的に募り実施しています。例えば清掃活動は、B氏が参加する生け花教室のメンバーに声をかけたものですが、部会員か否かにはこだわっていません。他方、残る救急救命法学習、防災士養成、交通安全看板設置、ゴミゼロ活動の４つの事業は、事業計画には数年前から盛り込まれているものの、実施されていません。部会員でもあり、中心となってこの事業を進めることが期待される消防団や交通安全協会、各自治区のメンバーとの協議が進んでいないことが要因となっています。

以上のように、B氏のいる生活環境部会を除いては、まち協事務局のA氏が関連組織・団体と直にやり取りをし、両者で企画、運営を行う事業が多くなっています。また生活環境部会もB氏は積極的に活動していますが、部会を挙げての活動といえるものは少ない状況です。資料上部会の活動となっているものの多くは、分野としてその部会の枠に入っているだけで、実際にはA氏やB氏、直接関係する組織・団体が動かしています。また、部会の資料作成や会計処理だけでなく、何時誰が何をするのか、というスケジュール管理や連絡調整までA氏が担っているものがほとんどです。ただそれにも限界があり、2年前の２０１４年度から、地域づくり部会を除く３部会で計画事業数が減少し、また上で見たように盛り込まれた事業でも実施できていないものが全30事業中10事業を占めています。

部会の形骸化は、会議の頻度にも現れています。２０１５年度は、B氏のいる生活環境部会のみが2回会議を持ちましたが、その他は皆無でした。設立当初は各部会とも年4回程度開催していましたが、徐々に頻度が落ち、２０１３年度は各部会1回ずつとなっていました。会議が開かれないため、活動の検証や事業計画の検討もされず、結果的に事務局が提案するもの以外は前例踏襲となってしまいます。また会議の内容も、部会員限りとなっており、それぞれが所属する組織や団体に共有する仕組みがありません。さらに部会の当て職のうち、1～2年と交代頻度が高いいくつかのポストは、部会の活動の停滞や会議の頻度の低下とともに、当該組織内で部会員の役割が後任に引継がれず、部会員の名簿も更新できない状態になっています。

②部会以外の課題

また部会の形骸化だけでなく、役員会も徐々に機能が低下しつつあります。部会と違って出席率に大きな変化はありませんが、頻度が減っています。２０１３年度は6回開かれていましたが、２０１５年度は総会前も含め年2回だけとなっています。役員会は各部会のチェック機能も発揮できておらず、実質的にはほぼ事務局の提案の承認機関となっています。

またより根本的な問題として、住民のまち協の認識、当事者意識があります。深見まち協では、設立から5年を機に、２０１４年度にアンケート調査を行いました。まち協の満足度についての設問に対し、「満足」・「やや満足」は合計18％であり、「普通」が44％、「やや不満足」・「不満足」が6％、さらに「知らない」が16％という結果でした。熱心な活動を展開しているにもかかわらず、積極的な評価が2割に留まり、また設立から5年経っても存在を知らない住民が16％います。またそもそもこのアンケートの回収率が34％に留まる点にも注意が必要です。単純な比較は出来ませんが、設立時のアンケートは69％の回収率であり、5年で半減していることになります。まち協に対する関心、当事者意識が高まっているとはいえず、この点も課題といえます。

3 事務局直轄事業の展開

深見のまち協では、部会や役員会の形骸化をカバーする形で、事務局直轄の事業が増えてきました。上で見たように、資料上は部会の活動に分類されるものの多くを事務局であるA氏が支えていましたが、それらとは別に、完全に部会の外側で新たな活動が増えています。

まず2015年度から交流ステーションの指定管理を受けていますが、特定の部会の事業としてではなく事務局直轄の事業として、専任の若手スタッフC氏、また宿直スタッフ2人とで運営しています。具体的には貸し館と宿泊の受入、また大学生の指導を行っています。宿泊は、2015年度は大分大学の学生を中心にのべ198人が宿泊しました。学生の指導については、2014年度は地域内の放棄ぶどう園の再生事業を行いました。深見地区内の若手ぶどう農家も参加する農業生産法人の「ドリームファーマーズ」、また深見小学校とも連携し、4年間放棄されたぶどう園の復旧作業と、利用法についての検討を行いました。2015年度は、そのぶどうを利用した特産品開発に地域と大学生で取り組みました。ぶどうを使ったスイーツを開発し、博多の百貨店の催事で販売する、というものでした（**写真3**）。この事業には地域おこし協力隊や竹細工等で交流ステーションを利用する地元女性にもA氏が個人的に支援を依頼し、実施しました。単年度の事業でしたが、その過程で取得した菓子製造についての保健所の許可や調理室の整備、百貨店の食品製造や表示のチェックノウハウ等が2016年度のバイキング等の事業に繋がっていきます。

交流ステーションの指定管理と並んで、事務局直轄事業として取り組んでいるのが、女性グループの支援です。

この女性グループは、60代7人で構成され、それぞれの退職を機に2011年にグループを結成しました。月に一回親睦を兼ねて陶芸や染物、料理、旅行などの活動を行っており、交流ステーションの調理室を借りたのがきっかけでA氏から声をかけられ、まち協との連携が始まりました。まず大学生が宿泊する際の食事の提供を担当するようになります。その後、女性起業、郷土料理についての研修や、先進地視察を通じ視野を広げると同時にスキルアップを図ってきました。2016年度は、100人規模のイベントでのバイキング料理の提供や食生活推進員の資格取得に取り組んでいます。まち協の発足当初、当て職で部会員になっていたメンバーもいますが、気づいたら部会員になっており、ほとんど活動には参加せず、まち協がどのような組織かも十分知らないまま任期が終わったそうです。グループとしてまち協にかかわるようになり、ま

写真３　特産品開発プロジェクトでの博多の百貨店での販売の様子

ち協の役割や活動について理解するようになります。学生との交流や、視察、研修で活動の幅が広がり、やりがいも得て、A氏には感謝している、とのことでした。ただ、自分達がグループの活動を超えて、どこかの部会に所属し部会員として活動することは考えていないそうです。

なお2016年度は、このグループとは別にもうひとつのグループとの連携も始めました。40～50代の女性10人前後のグループで、保育園のPTAのOBが集まっています。これまでまち協との接点は秋祭りの際の食事の提供や花壇の整備ぐらいでしたが、今年度は地域の高齢者向けにひな祭りにお菓子を作り配布する活動を行う予定です。

A氏は事務局として部会を活性化させ、その部会を中心に事業を行うよりも、活動の効率を重視し、直接の当事者をつなぎ、支援する手法を選択した、といえます。しかしそれに伴って、A氏の負担は大きくなっています。市の算定上週3日分の人件費しか出ませんが、A氏は基本的に週5日、イベントや大学生の受入等があれば土日も事務所に詰めています。A氏は設立以来8年間事務局を務めていますが、現在の業務をそのまま引き継げる人材の確保の見通しは立っていません。

他方でB氏によれば、各部会役員を中心に地域には人材がいないわけではなく、現状の共有や役割分担の検討、インセンティブの仕組みが作れれば、A氏の負担軽減や自立的な部会運営の可能性もあるそうです。A氏とそのような話もしていますが、2015年度までは具体的な取り組みはできていませんでした。

2　宇佐市内の他のまち協の実態（注1）

（1）津房地区まちづくり協議会

深見地区で起きている部会の形骸化や事務局の孤軍奮闘という状況は、他のまち協でも共通するのでしょうか。まず宇佐市内では深見地区とならんで活発な活動が行われているとされる津房地区まちづくり協議会の状況について紹介します。

津房地区は、宇佐市の南東部、深見地区の東隣に位置し、２０１４年3月現在、人口は１４７３人、高齢化率48・5％、18の集落で構成され、生活インフラとしては小学校、保育園、郵便局、小型のスーパーなど、ほぼ深見地区と似た状況となっています。津房のまち協は深見の翌年２０１０年に設立され、５部会（あんしん生活部会、ふれあい教育部会、ふるさと振興部会、女性部会、自主防災部会）が置かれています。そのうち女性部会は２０１２年度、自主防災部会は２０１３年度に新設されたものです。

２０１６年度は52の事業が計画されていましたが、実施されているのは40となっています。それら40の事業は、

（注1）本節の津房地区、天津地区についての内容は筆者のゼミ生の卒業論文（森本彩未『地域運営組織の事務局負担の実態とその要因』）からの引用です。なおこの卒業論文は、２０１６年度、宇佐市地域コミュニティ組織連絡協議会と筆者のゼミの連携事業の一環で執筆されたものです。市内４つのまち協に4年生が2人ずつ入り、まち協の活動への参加を通じて卒論を作成し、その成果は、後述の連絡協議会の研修会で報告しました。

深見同様そのほとんどが事務局主導で行われており、完全に事務局のみで実施しているものも23あります。会議は総会、役員会のみで、２０１６年度は部会ごとの会議は行われていません。他方で深見地区同様事務局直轄での事業が活発に行われています。具体的には、温泉施設の指定管理、共有林管理、県の事業を活用した買い物支援、移送サービス等に取り組んでいます。

事務局のＤ氏は、津房出身で、長く県外で暮らしていましたが、定年後にUターンし、設立から3ヵ月後に事務局に就任し、7年が経過しています。Ｄ氏の現在の業務量の約4割は部会の支援で、2割弱は温泉の事務作業、事務局本来の仕事に割ける時間は半分以下となっています。事務作業については、地域おこし協力隊が月に1～2回手伝いをしていますが、それでも大きな負担となっています。その影響で、広報紙の発行頻度が落ちたり、新規に立ち上げた防災部会の活動が軌道に乗らないなどの弊害が出ています。

現在行っている活動の中には、まち協設立以前から実施されていたものも多く、それらに付随する事務作業等は、以前は関係組織・団体が行っていましたが、Ｄ氏が事務局に就任する時には、それらの作業をまち協事務局が代行する方向性が固まっていたということです。

（2）天津地域づくり協議会

このように、深見地区と並び活動が活発な津房地区でも、部会の形骸化と事務局依存が進んでいます。他方で、部会が機能しているとされるのが天津地域づくり協議会です。

天津地区は市の北西部に位置し、平坦な地形で基盤整備された水田が広がっています。２０１５年３月末現在、人口は２０３９人、高齢化率38・１％、12の集落で構成されています。天津地区のまち協は２０１２年度に旧宇佐市最初のまち協として設立されました。４部会（安全・安心部会、教育・文化・福祉部会、生活環境部会、地域連携部会）が置かれ、２０１５年度はまち協直営の児童クラブの開設（他地区では深見地区のように別組織で運営されるケースが多い）、徘徊者捜索訓練等に取り組みました。２０１６年度は４部会合計で30の事業に取り組むこととなっています。

役員は会長、副会長、事務局、各部会の正副部会長、書記（事務局）と、深見や津房と同様の構成ですが、特徴が２つあります。ひとつ目は事務局の性格で、総務と会計の２人体制をとっている点です。事務局の総務担当者は50代の男性ですが、まだフルタイムの仕事を持っており、まち協については、その合間を縫っての不定期の勤務となっています。したがって、深見や津房のように、事務局が全面的に各部会の活動を補完、代替することは難しい状況です。その分各部会の役員が自立的に活動していることで、活発な取り組みを実現しています。

その活発な部会活動の理由が、各部会の役員や副会長の性格で、天津地区ではいずれも区長が務めています。まず副会長ですが、小学校の校長や老人クラブの会長等が務める深見や津房とは異なり、４人の副会長ポストをすべて地区内の区長が担います。そしてその４人が４つある部会をそれぞれ担当し、各部会の正副部会長、事務局のサポートを行います。部会役員も、深見では各部会に所属する関係組織のメンバーが務めますが、天津では区長が務めます。

天津地区でも、各組織の当て職である部会員は、出身組織の活動や会社勤め等で部会の役員の仕事まで手が回らないのが実態です。他方で、天津地区では宇佐市内でも例外的に区長の任期が長くなっています。深見や津房では1～2年で交代するケースがほとんどですが、天津では5年、10年は珍しくなく、中には20年近く務める区長もいます。経験、能力、意識も高いメンバーが揃っており、その区長達がまち協の運営を支えています。天津の場合は、まち協がまったく新しくできたというよりも、元々活発に活動していた各自治区や区長会に、新しい役割や組織体制が持ち込まれた、と理解した方が良いかもしれません。

なお２０１５年度は、三役と各部会役員が参加する拡大役員会が９回開かれており、部会の活動の進捗状況が確認されています。各部会の会議も４部会合計で12回と定期的に実施されています。その際まち協事務局は必要があれば出席しますが、基本は部会員のみで行われます。また広報紙の原稿も各部会が作成し、事務局が取りまとめるという仕組みで毎月発行するなど、部会の自立的な運営が徹底されています。

3　組織と活動によるＲＭＯの類型化

深見地区や津房地区は、宇佐市内でも最も活動が活発なまち協であり、その取り組みを学ぼうと各地からの視察研修や調査が絶えません。しかし活動の活発さの裏では、組織運営に課題を抱えており、事務局の奮闘によりその活動が支えられているのが実態でした。このような深見や津房の組織と活動の実態を踏まえると、ＲＭＯは**図3**の４つのパターンに分類できます。通常縦軸の組織の活性度と横軸の活動の活発さはリンクしますので、その意味ではいずれのＲＭＯも発展型か停滞型に分類されると考えられます。しかし深見や津房のように、組織図や総会資料上は部会が機能しているように見えても、内実は事務局依存型のケースがあることが分かりました。その数や割合はハッキリしませんが、筆者のこれまでの現地調査の経験を踏まえると、特に行政の積極的な関与を受けて設立され、活発な活動を行っているＲＭＯの一定割合が、この事務局依存型に該当すると考えられます。

4　RMOの課題と行政関与の関係

(1)　主体性・当事者意識醸成の不十分さ

中には天津地区のように熱心な区長の存在を前提に、組織を上手く機能させているＲＭＯもありますが、一般的には組織が形骸化し活動が停滞する、もしくは一見活動が活発に行われているように見えても、事務局の負担が増大しているケースがあるようです。では、なぜこのような活動の停滞や組織の形骸化が生じるのでしょうか。様々な要因が考えられますが、ここでは、ＲＭＯと行政との関係から、以下の3点を取り上げます。

まずは設立プロセスを市役所が主導することによる不十分な主体性、当

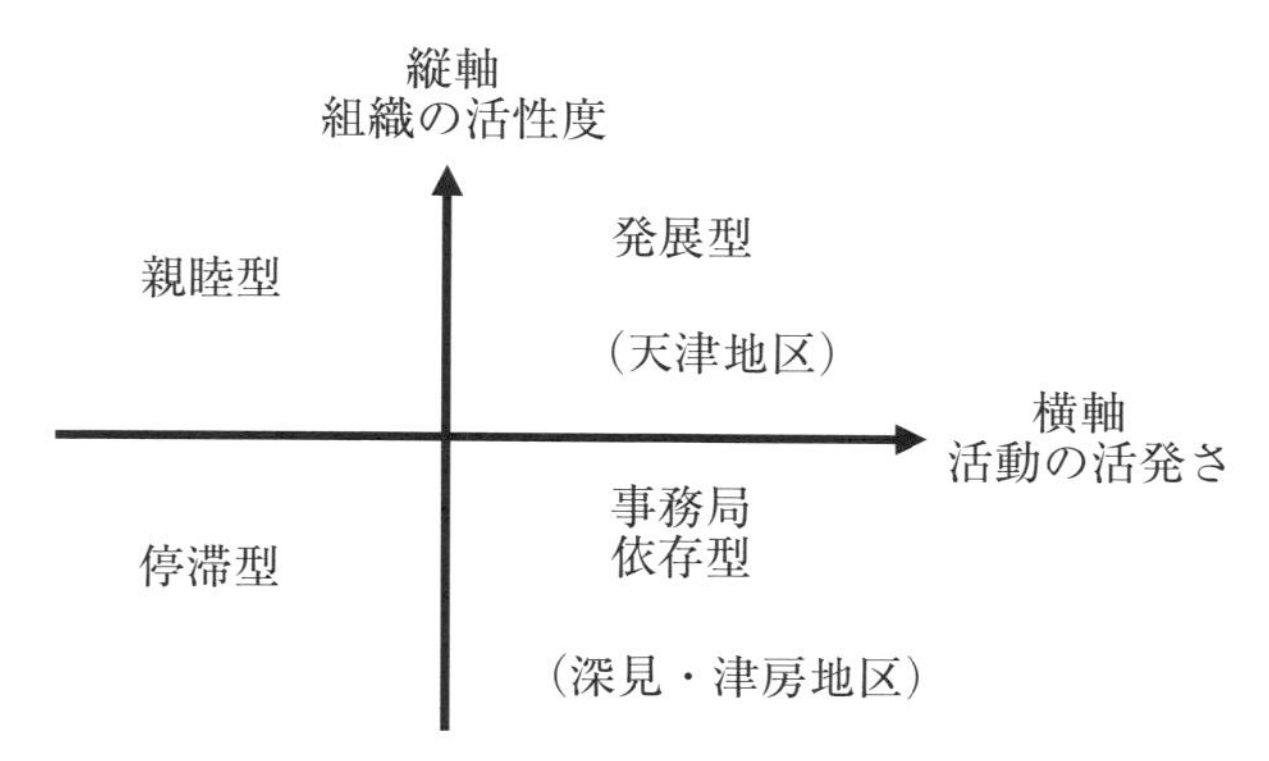

図３　組織・活動によるRMOの類型化

事者意識の醸成です。通常ＲＭＯの設立は市役所から提起されるケースが多く、地域が主体的に考えた取り組みではありません。その場合、必要性や有効性が十分理解、浸透しないまま、行政に先導される形で組織形成が進んでしまう場合があります。宇佐市では、スケジュールは行政主導で組み立てられ、また設立までのマネジメントも市役所が担っており、アンケートの設計や集計も主に市役所が行っていました。さらに設立までに事務局スタッフが見つからなかった場合は、設立後も市役所職員が事務局を代行しています。

一般論として市役所は限られた人員、予算の中で、どの事業も短期間に効率的にプロセスを進めたい、と考えます。また宇佐市では高齢化や人口減少が進む中で、地域の内発的な動きを待っていては、設立の機会を逃してしまう、という危機感もあり、スピードを重視した取り組みとなっています。それに対し、地域の側も主体性、当事者意識の醸成の重要性を認識できないまま、行政から提案された通りに進めてしまう場合が多くなっています。市役所が準備したテンプレートに沿って組織が設立された、という印象を持っているまち協役員は少なくありません。さらに、行政が設定するタイトなスケジュールでも、組織の設立自体は可能なため、そのデメリットが認識されないまま設立プロセスが進んでしまうことも、問題の要因となっています。

仮に市役所主導で効率性を重視した設立プロセスを選択するとしても、その後に地域の主体性、当事者意識を高めるプログラムをセットできれば影響は小さくできますが、それを実施できている地域は多くありません。深見や津房では部会の形骸化に対して、その建て直しではなく、事務局が部会を代替し、また部会とは別に事務局直轄の事業を増やす方向で対応していました。しかしこれでは事務局の負担が大きくなり、事務局の意欲や能力によって全体の活動が左右され、また後任の確保が難しくなります。市役所側も設立時のノウハウに比較して、設立後の住民の主体性、当事者意識を高め、部会の活動を活発化させるノウハウやその実践が十分とはいえません。例えば宇佐市では、各まち協のまちづくり計画は10年単位で、その間活動内容や組織構造を検証する仕組みはセットされていないのが現状です。

(2) 受動的・総花的な組織編制

二つ目は、前例踏襲的、かつ総花的な組織編制です。一点目の市役所主導の効率性を重視したプロセスの採用に伴って、十分な検討を経ずに部会や役員会の構成が決まってしまう場合が少なくありません。結果的に身の丈を超えた組織構造になったり、地域の関心の薄い部会が設置され、活動が進まないケースが出てきます。

たとえば宇佐市役所では、まち協設立にあたり3つ以上の部会を設置することを勧めており、実際ほとんどのまち協では3つ以上の部会を置いています。市内には、地域の規模やそれまでの活動の経緯から、例外的に部会が1つだけのまち協が1つありますが、市からの提案を否定するのは覚悟が必要だったということです。市役所からすれば、提案する部会の数や分野はあくまで叩き台であり、地域での検討の中でアレンジしてもらって構わない、というスタンスですが、地域の側がそう受け取る場合ばかりではありません。親切心や気軽な提案でも、RMOの意義や役割がまだ十分浸透していない中では、それがそのまま受け入れられてしまうことに、より注意を払う必要があります。

また人口が少なく、高齢化が進んだ地域では、地域課題が山積する一方で、対応できる組織や人員は限られており、事業の必要性と実現性にギャップがある場合が少なくありません。いくらニーズに沿った部会を配置しても、肝心の担い手がいなければ、画餅に帰してしまいます。どうすれば少ない人材に、より活躍してもらえるか、ニーズよりも活動主体の有無に着目した組織体制や活動内容の検討、絞込みが求められます。

また一度出来てしまった組織体制は、地域で自発的に見直し、再編されることは多くないことも認識する必要があります。宇佐市では15あるまち協の中で、設立後に部会を見直したのは先の津房を含め2組織のみで、どちらも部会の新設でした。市役所からは、十分機能していない部会についての再編、統合を促すこともあり、まち協の役員もその必要性は認識している場合が多いのですが、結果的にこれまで再編は実現していません。

(3) 既存組織と事務局への依存

最後は既存組織への依存です。RMO設立にあたり、地域内の各種組織・団体を糾合する形で組織を形成する場合が多くなっています。役員や部会員は関係組織からの当て職とすることで、設立が容易となり、その後も名簿上は安定的な人員を確保できます。しかしその構造を放置すると、徐々に機能不全を起こす可能性が高くなります。

一般に当て職で参加するメンバーは主体性、当事者意識が弱く、RMOの活動を牽引する誘引も強くありません。部会員は、その部会のテーマに近い活動をする組織、団体から選出されますが、それでも部会の活動と出身組織、団体の活動がリンクするケースばかりとは言えません。例えば深見では、ホウ酸団子づくりや寄せ植え教室を行う生活環境部会に、消防団や交通安全協会、猟友会などが参加しています。活動がリンクしない組織は、立ち上げ当初は参加しても、時間の経過とともに関係が疎遠になっていきます。

また出身組織でも人口減少や高齢化等により構成員が減少する中で、残るメンバーの負担が大きくなっており、新たなＲＭＯの活動が重荷となる場合も多いです。部会の活動の停滞と共に、各出身組織内で当て職の引き継ぎも行われなくなり、結果として実質的な部会メンバーが減少する、という悪循環も生じます。当初は当て職による人員の確保に頼るとしても、徐々に主体性、当事者意識のあるメンバーを、個人として確保していくことが求められます。そのためには、参加の誘引、インセンティブを意識した組織運営、活動の企画が必要になります。またＲＭＯとして新規事業に取り組むだけでなく、既存組織の再編、合理化に意識的に取り組み、関係組織とＲＭＯ双方の活性化を目指すべきです。

さらに、深見や津房のように、部会を通さずに個人、組織と事務局で活動を展開する事務局依存型の組織も一定数存在すると考えられます。これは一見合理的に見えますが、２つの課題があります。まず特定のメンバーへの依存は、負担の集中や活動の広がりの限界、後任確保の困難性が避けられず、中長期的に見れば地域課題への対応が難しくなります。もうひとつは青臭い考えかもしれませんが、ＲＭＯは地域コミュニティ組織であり、いくら行政との協定や認定証等の「お墨付き」があり、様々な事業で成果を上げても、地域住民の当事者意識や主体的な参画がなければ、ＲＭＯとは呼べない、という点です。前者が実態としての課題、地域「を」運営する組織としての課題、後者は理念、あり方としての課題、地域「が」運営する組織としての課題といえるかもしれません。

（4）3つの課題と対応策

以上の3点は、**図4**のような関係にあります。まず、市の危機感やこれまでの行政手法の踏襲により、行政主導での設立となり、そのことがフルセット型の組織構造の導入や、既存組織への依存へとつながります。行政が主導し、しかもかなりタイトなスケジュールは、住民の当事者意識の希薄さや、受身的な姿勢を生み、部会の形骸化や事務局の負担増となって活動が停滞します。またフルセット型の組織構造は、ニーズの少ない、もしくは活動主体が限られる部会等が生まれてしまい、人材やその他資源が分散し、活動の停滞につながります。既存組織への依存や当て職による人員の確保も、当事者意識の希薄さの原因となります。

これらを回避するためには、まずは設立のプロセスを見直す必要がありますが、限られた人員や予算の中で、市役所の認識や手法を改めるのは容易ではありません。また年々高齢化、人口減少が進む中で、時間をかけ丁寧なプロセスを経れば、内発的な取り組みが必ず生まれるのかの保証もありません。さらに宇佐市のように、既に設立が相当程度進んでいる市町村も少なくありません。

そこで期待されるのは、設立後のサポートの充実です。設立前後の支援体制に比べ、その後のサポートが十分とはいえないケースがあります。宇佐市のように人件費も含めた財政的な支援や、施設の提供は多くの市で行わ

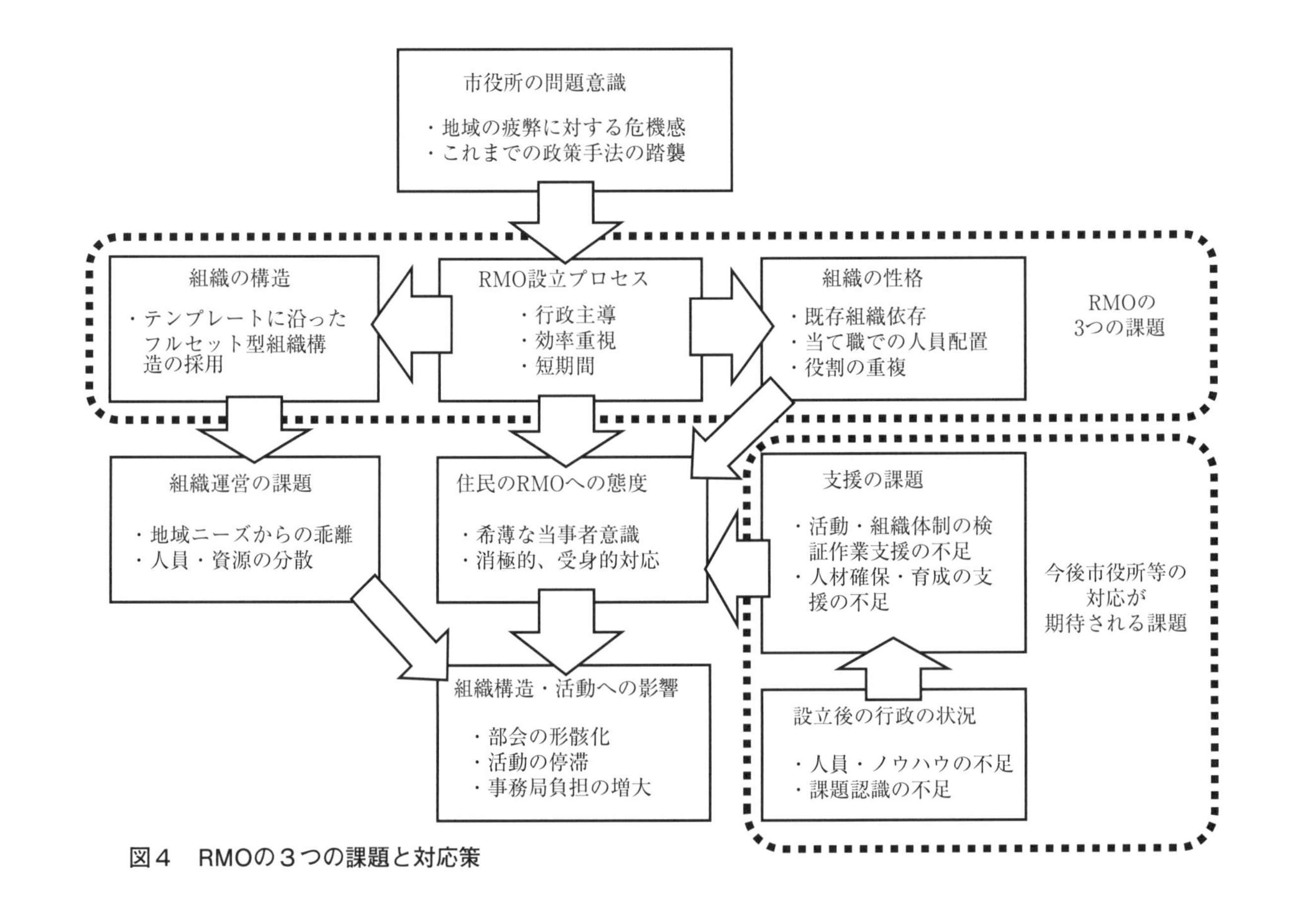

図４　RMOの３つの課題と対応策

れていますが、組織運営や活動内容についての検証作業、人材の確保や育成、スキルアップの支援の仕組みの整備が期待されます。各ＲＭＯでの主体的な取り組みが基本ですが、そこまで手が回らず、また手をつけたくてもノウハウやスキルがないことも多いと思われます。

では具体的にはどのような取り組みが求められるのでしょうか。どの地域にも当てはまる特効薬、万能薬はなかなかないかもしれませんが、ここでは深見地区、また宇佐市役所での直近の取り組みについて紹介します。

Ⅲ　課題克服に向けた模索

1　深見地区における組織再編にむけた模索

２０１６年度、深見のまち協では、Ａ氏の発案で組織のあり方についての検証作業を始めました。以前から連携してきた大分大学経済学部とともに、まずは部会制の現状の整理と再編の方向性についての検討を行いました。具体的には、経済学部経営システム学科の経営組織論ゼミの1年生15人の半年間の活動を受け入れです。学生は、まず大学でＡ氏や協力隊、筆者からまち協についての座学で基礎知識をつけます。次に深見地区でのイベント（秋祭り）に参加し、役員や部会員、一般住民へのヒアリング等を通じてまち協についての理解を深めます。その上で、まち協役員・部会員約20人のワークショップを開催し、そのファシリテーターを学生がつとめました（**写真4**）。３班に分かれ、部会制の現状、存続の是非、今後の対応策の３つのテーマを話し合い、模造紙にまとめ、共有する、というスタイルです。

ワークショップでは、まず部会制の現状について、「部会員同士の温度差が大きい」、「部会主導の活動が少ない」、「部会員、役員が固定化している」、「部会の活動停滞に伴う事務局の負担の増大」、「活動が浸透しておらず、知名度が低い」等の発言がありました。

これらを踏まえて部会制存続の是非については、存続が2班、廃止が1班でした。廃止の班は、老人クラブやPTAなど、既存組織との関係を強化すれば現在の活動は維持できる、事務局の負担は、部会ではなく活動ごとに関係者を集めた実行委員会を組織し、役割を分担する、との考えでした。他方存続の班のうちのひとつは、活動の活発さの違いを念頭に、地域づくり部会と教育文化部会のみに再編する、もうひとつの班は、現状の4部会のまま、活動内容や意義を広報し、メンバーを募り機能を再強化するとともに、遊軍的に動ける部会を作るというものでした。また学生のみによる検討では、当て職の中から希望者が部会や役員に残留できるシステムを導入する、当て職以外に希望者が参加できる立候補制を併用する、等のアイディアが出されました。これらの提案内容は、まち協の役員会で改めて検討され、改善案が5月の総会に提案される

写真4　大分大学経済学部の学生とのワークショップ

予定です。

２０１６年度、深見地区ではA氏の発案で、もうひとつ組織の見直しを行いました。秋祭りの実行委員会を解散し、地域づくり部会の事業として実施していくこととしたのです。主なメンバーはほとんど同じですが、これまでは実行委員会をまち協がサポートするという役割分担だったものを、まち協が全面的に運営を担うことにしました。秋祭りは深見地区における最大のイベントであり、その熱気、エネルギーを、まち協の他の事業にも波及させることを狙っています。

２０１７年度に向けては、２つのプロジェクト制の導入の準備が進んでいます。１つは県の事業を活用し、交流ステーションの中に飲食スペースの設置を予定しており、もう１つは廃校から譲り受けた本格的な天体望遠鏡の活用です。それぞれ関心を持つメンバーを地域から集めてプロジェクトチームを編成し、運営もA氏でなくそのチーム内で自立的に行おうとしています。食堂のプロジェクトには現まち協会長が、望遠鏡のプロジェクトは、都会からの移住者で、まち協の監事を務めている方がリーダーを担う予定です。

ワークショップについては、役員会でどのような結論が出されるかは現時点では分からず、また秋祭りの運営主体の変更やプロジェクト制も、どこまで効果が出るか、現時点では未知数ですが、まずはこのような試みが始まったことが積極的に評価されます。

2　まち協活性化に向けた市役所の模索

市役所サイドも、まち協の活動の活発化、組織のあり方の見直しに向けて様々な試みを行っています。まずは事務局人件費の引き上げです。まち協の設立が始まった当初、事務局の人件費は市役所の臨時職員の日給5250円を基準とされていました。しかし事務局の業務は、上司の指示に従って単純な事務作業を担うことを想定して設定されている市臨時職員の賃金水準では、十分報いることができない複雑性、困難性を持っています。まち協サイドからの要望を受け、2015年度から日給8750円に引き上げられました。この水準は、旧安心院町の公民館に配置されている社会教育指導員（非常勤）の賃金水準に揃えたものです。市の担当課としては、さらに集落支援員制度の上限まで単価を引き上げ、地域おこし協力隊と同水準に持っていきたいと考えています。

また担当者レベルでは、賃金の水準を人口や集落数だけでなく、取り組みの活発さや事業の成果でも評価できないか、という研究も行われました。地区の規模ではなく、活動の内容から支援の水準を判断することで、積極的な取り組みを行うまち協をサポートしたい、という考えです。ただこの取り組みは、平等性や地域性の考慮、基準設定の難しさ等から実現していません。これらの試みは、当面部会の活動の停滞や事務局への負担の集中が避けられない中で、奮闘する事務局に報いると共に、事務局の後継者確保にも繋がるものとして位置づけられています。

次は事務局人件費の配分の弾力化です。設立が早かった安心院町、院内町では、人件費が出るのは1人分で、市役所としては、その1人分を複数人で分割することは当初認めていませんでした。役割を分割せず、1人に情報、権限をある程度集約することによる、効率的な運営を期待していました。ただその後旧宇佐市の第1号である天津地区から、1人だと責任が重く、事務局のなり手の確保が難しいため、チームとして事務局を担当したいという要望が出されます。それを受け市役所では要件を緩和し、現在では旧宇佐市だけでなく、院内町のまち協にも、事務局の複数制が広がりつつあります。天津の状況を踏まえれば、事務局の複数制は、1人当たりの負担を軽減するとともに、それぞれの役割を限定、明確化することで、部会の業務がなし崩し的に事務局に移行することを防ぐ効果も期待できます。

残る安心院町では、まち協と公民館の今後のあり方が検討されています。安心院町では小学校区単位に地区公民館が配置され、非常勤の社会教育指導員が1人ずつ配置されており、この指導員は組織図ではまち協の事務局を兼ねています。ただし、公民館の所管は教育委員会であり、社会教育関連でない活動を業務として行うことは基本的に出来ず、結果として、まち協の事務局としての業務は多くありません。また全体の業務量も、指導員よりもまち協プロパーの事務局の方が大きくなっているケースがあり、指導員の位置づけについて、見直しの要望が出ていました。市役所では教育委員会との協議を始め、まち協と公民館のあり方、再編の方向性を検討しています。

最後に市内の全まち協が参加する「宇佐市コミュニティ組織連絡協議会」の活動です。これまでは講師を招聘した講演会形式の研修会が中心でした。2016年度は、これも大分大学と連携しまち協の運営手法についての情報交換や課題解決のためのワークショップを開催することとしました。連絡協議会の活動に、各まち協の現状分析や、対応策の企画・立案など、事務局や役員の問題意識の醸成やスキルアップを意識した内容を盛り込み、各まち協の課題解決能力の向上を目指しています。

具体的には、先に見た深見地区でのワークショップをベースに、各まち協から会長、事務局に加え部会役員も参加したワークショップを２０１７年1月末に行いました（**写真５**）。部会制の課題では、深見同様、役員の固定化や参加者の減少、活動のマンネリ化、会議の頻度の低下や事務局依存等の意見が出されました。また深見では聞かれなかった既存組織との活動の重複や市役所の支援不足、部会間の温度差、活動参加の報酬の必要性といった意見も見られました。役員・部会員の当事者意識に関連しては、設立時に部会員を役員・事務局で決めており、当該組織のメンバーがその決定プロセスに参加していなかった、さらには

写真５　連絡協議会でのワークショップ

自分がどの部会に所属しているかハッキリしない、という声もありました。

部会存続の是非を巡る個別の意見としては、現状維持が54・7％、廃止が7・5％、見直した上で存続が37・7％でした。ただ現状維持を選択した理由は、部会制廃止による事務局負担増大の回避や、住民参加の仕組みとしての部会の評価が中心で、積極的に現在の部会制を評価している意見は少数派でした。また意見交換の後の班ごとの意見は、現状維持が3票、廃止が1票、見直した上で存続が11票でした。

見直しの方向性としては、活動のビジョンの明確化とその共有、当て職から意欲や能力を重視した人選への移行、部会や事業の絞込み、活動参加の有償化、人材育成の強化、行政のサポートの強化等の意見が出されました。これらの内容は、次回（２０１７年３月）の連絡協議会の研修会で共有し、今後の取り組みが検討されることとなっています。

また２０１７年度は、連絡協議会の活動の一環として、設立から10年目を迎える２つのまち協と大学との連携が計画されています。設立時に作成するまちづくり計画の期間が10年間であり、11年目以降の計画の策定にあたり、地域内だけでなく学生の視点を入れ、また検討するプロセスも工夫し、組織の再編や住民の当事者意識の醸成にも踏み込むことが期待されています。

３ 「連絡協議会」による外部連携の可能性

活動や組織運営の課題の整理や共有は、各ＲＭＯが自立的に行うのが理想ですが、日々の活動に追われ、ノウハウもない中でそれが可能な組織ばかりではないと思います。大学と連携している深見地区のように、外部の協力も得ながら進めていくのが現実的でしょう。ただ深見では、これまでの大学との活動の経験がベースにあり、その延長線上で検証作業も始まりました。一般に個々のRMOが大学等と独自に連携し、活動の検証や今後の方向性を検討するのは難しいといえます。他方まだ数は少ないですが、地域によっては、県レベル、市町村レベルでRMOの運営をサポートする中間支援組織があり、相談に乗ってくれると思います。

一番現実的なのは、宇佐市のように市町村レベルでのRMOの「連絡協議会」としての活動です。市役所が積極的にRMOの設立を進めている場合、管内のRMOが集まる連絡協議会が組織され、研修会や活動報告会を行っています。通常、優良事例の紹介や各RMOでの積極的な成果の共有、行政との意見交換が中心ですが、ここに各RMOの活動や組織運営の検証作業を行う機能、役割を持たせるのが良いと思います。連絡協議会としてサポートしてもらう中間支援組織や大学を確保し、順番に各RMOの検証作業とその後の自立的実施の仕組みづくりを進めます。大学の場合は、この分野に関心がある教員を見つける必要がありますが、現在RMOは経済学、地理学、社会学、行政学、教育学、建築学（都市計画学）、法学など、幅広い分野の研究対象になっていますので、どの大学にも関心を持つ教員がいると思います。また地域との連携を積極的に進めている大学が増えており、相談の窓口となる専任のコーディネーターを置いているケースも多いです。

費用について、大学の場合は、研究・教育活動の一環として、負担が可能な場合がありますが、基本的には依頼する側が準備する必要があります。例えば深見の例では、役員等へのヒアリングが2回、ワークショップ1回、報告会1回、それ以外に事務局との打ち合わせがほぼ同じ回数必要なので、単純に経費を積み上げれば、半年で20～30万円前後、といったところだと思います。これを各組織が自主財源から捻出するのは現実的ではありません。市が予算化する手もありますが、国や県でもこのような取り組みに活用できる補助金、交付金等を整備していますので、是非活用していただきたいと思います。

また大学や外部の中間支援組織に依存し続けるのではなく、市役所職員や、地域おこし協力隊、各まち協の事務局有志の皆さんがノウハウを吸収し、各市町村で中間支援組織を立ち上げ、そこが役割を担っても良いと思います。

おわりに

ここまで、宇佐市、および深見地区まち協を事例に、ＲＭＯの実態と課題について見てきました。宇佐市は大分県内ではかなり早い段階からまち協の設立に取り組み、既に15の組織が発足しています。各まち協は小学校区単位での組織化や部会制の導入など、ＲＭＯの典型例としての性格を持っており、市役所も設立、運営に当たって5点セットの手厚い支援を行ってきました。

深見地区では、小学校との連携や小規模集落支援、美化活動、児童クラブの運営、移住者受入など、多くの成果が挙がっています。また市道の管理、ふるさと納税、しめ縄の販売、指定管理の受託等で、自主財源の確保も徐々に広がっています。そしてＢ氏のように、まち協が設立されたことで部会の中で地域づくりに積極的にかかわる住民が出てきていることが評価されます。

しかしＢ氏のようなケースはまだ一般的とは言えず、活発な活動も期待された部会ではなく、事務局直轄のものが多くなっています。部会制は、既存の組織の枠を超えて様々な年齢、性別、所属の主体が集まり、民主的、開放的な運営手法で地域課題に取り組む仕組みとして期待されています。多くのＲＭＯがこの部会制を導入し、活動の実践組織として位置づけています。しかし実際にはただ部会制を採用しても、それだけで人材が集まり、活発な活動が展開することが約束されているわけではないことが、宇佐市の事例からは言えそうです。

他方で、深見地区では、事務局のサポートを受けて、老人クラブや小学校、女性グループや協力隊が活発な活動を行っています。地域づくりに積極的な組織、人材はまだまだ残っており、これらの力を組織としてさらに引き出す仕組みが求められます。本書ではそのための明確な具体策を示すことは出来ませんが、深見地区では大学と連携してワークショップを行い、また2017年度にはプロジェクト制の導入を準備するなど、組織のあり方の見直しを始めていました。また市役所も事務局の人件費引き上げや人材配置の柔軟化、公民館との統合の検討、10年計画策定への学生の参加など、様々な試行錯誤を続けています。これらの取り組みが、地域全体の主体性や積極性を引き出す仕組みづくりに繋がることが期待されます。

最後になりますが、本書では先進的な組織の仕組みや華々しい活動成果ではなく、現場が抱えている課題や、まだはっきりとしたゴールが見えていない中での事務局や市役所の模索の姿を紹介しました。ＲＭＯについては、いわゆる優良事例、先進事例についてのレポートが既に存在します。それらの事例に学び、取り組みを活発化させることも重要です。他方で、活動の停滞、組織の形骸化に直面しつつも、その原因が上手く特定できず、また地域での共有も難しい組織も多いのではないでしょうか。本書が現場で奮闘する事務局や市役所の皆さん、そして身近にＲＭＯがある地域の皆さんにとって、課題を整理、共有し、新しい一歩を踏み出すための一助になれば幸いです。

参考文献

（1）小田切徳美『農山村再生『限界集落』問題を超えて（岩波ブックレット）』岩波書店、２００９年10月、63頁。
（2）公益財団法人東北活性化研究センター「地域コミュニティ経営ガイド――ＮＰＯ法人『きらりよしじまネットワーク』の設立と運営――」『東北活性研』２０１６年12月、55頁。
（3）総務省地域力創造グループ地域振興室『地域運営組織の形成と持続的な運営に関する調査研究事業報告書』２０１７年３月、２１０頁。
（4）地域の課題解決のための地域運営組織に関する有識者会議『地域の課題解決を目指す地域運営組織――その量的拡大と質的向上に向けて――最終報告』２０１６年12月、46頁。
（5）中塚雅也・内平隆之著、小田切徳美監修『大学・大学生と農山村再生（ＪＣ総研ブックレット４）』筑波書房、２０１４年３月、62頁。
（6）山浦晴男『地域再生入門―寄りあいワークショップの力―』筑摩書房、２０１５年11月、２７２頁。

〈私の読み方〉地域運営組織の発展プロセスとその課題

小田切 徳美

1　本書の意義と方法

地域運営組織（ＲＭＯ）が各方面から注目されている。

監修者（小田切、以下同じ）も参加した政府の地方創生本部・地域の課題解決のための地域運営組織に関する有識者会議は、「地域の課題解決を目指す地域運営組織―その量的拡大と質的向上に向けて―」という報告書を公表した（２０１６年12月）。その文書の末尾では「個々の地域運営組織の取組は、地域住民が自分たちでできる範囲で行われる小さな取組かもしれない。しかし、そのような取組が全国に広がっていくことは、住み続けられる地域づくりや魅力あるまちづくりを通じた生活の質の向上に貢献することはもとより、日本の行政や自治のあり方、地域の経済再生や財政の健全化、更には国民自身の生き方の見直しにもつながるような大きな可能性を有している」として、農山村を念頭に置きながらも、そうした組織の量的拡大と質的向上が、地域の現状のみならず、社会の未来にも少なくない意義があることを強調した。

このような動きの下、地域運営組織の設立や運営にかかわる地方自治体への地方交付税措置をはじめとして、各省庁や都道府県の支援施策が急速に整えられている。しかし、この組織が注目されたのは、今ばかりではない。既に10数年前の平成の市町村合併の際には、「地域自治組織」と呼ばれ、その設立を促す政策提言が積極的に行われていた。また、そのモデルとなるような地域自治組織も既にいくつか見られた。監修者も農山村、とりわけ中国山地で活発に生まれ、活動していたこのような組織を調査し、「地域住民が、当事者意識をもって、地域で直面する課題を地域の仲間とともに手づくりで自らの未来を切り開くという積極的な対応」と位置づけ、「手作り自治区」と規定した（小田切徳美『農山村再生』岩波書店、2008年）。

その後、こうした組織の設立が進み、現在では、総務省の市町村アンケート（2016年実施）によれば、全市町村の35％で3071の組織がすでに設立されている。また、それがない地域でも89％の市町村が組織の設立を「必要と感じる」と回答している。つまり、地域運営組織はかなりの数が現存しており、さらにその数は急増することが予想される。

しかし、そうした状況にもかかわらず、地域運営組織の形成されるプロセスに関する考察や研究は必ずしも十分ではない。それは研究報告や調査レポートの大多数が、地域運営組織の中でも、「手作り自治区」としての内実を持つ、いわば完成した組織を対象としているからである。本書は、このように、研究面でも実践面でも蓄積が薄い地域運営組織の設立プロセスについて、その実践的ポイントを明らかにすることを目的としている。

著者である山浦陽一氏は、自らも中山間地域に居住し、また

図　地域運営組織の形成プロセス

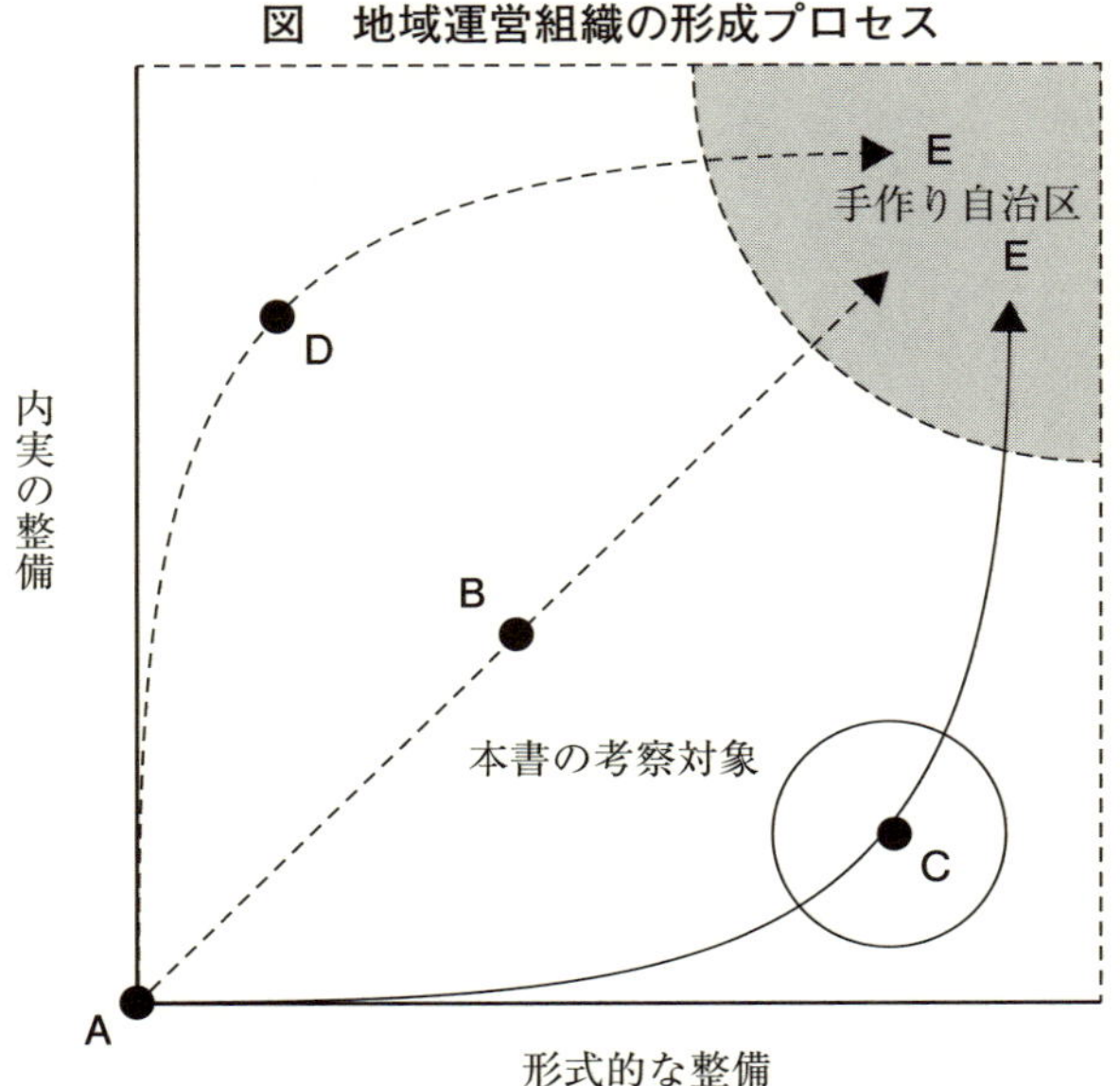

後述するように域学連携活動の大学サイドの担当者としても活躍している。その経験からか、ユニークな分析手法を採用している。それは、順調に発展した組織を対象とするのではなく、組織の形式的な整備を優先した地域運営組織の実態を分析し、その成果を確認するとともに、課題と展望に接近している。これは、地域運営組織の発展プロセスを認識する故の的確な分析対応である。この点、少し説明してみよう。

地域運営組織の発展パターンを単純化すれば図のように表現できる。理想的な展開は、形式的な整備（横軸）に内実的な整備（縦軸）がバランス良く進み、図中の45度線を駆け上るような展開であろう（A→B→E）。しかし、現実には、それだけではなく形式的な整備が先行する場合（A→C→E）、逆に地域運営組織としての内実が先行する場合（A→D→E）もある。後者のケースは、地域づくりの取り組みが活発な地域でしばしば見られる。地域課題に対応する動きが自然発生的に行われており、むしろ事後的に相互の関係などを含めた組織的な枠組みを作るような展開である。

そして、それよりも遥かに多いのは、〈A→C→E〉というプロセスである。著者が注目したのが、まさにこのパターンであり、主にC点近傍にある組織を分析の対象としていると解釈できる。そのような地域運営組織では、組織としての形式はかなり整っているが、それと比べて内実が十分に伴っていない。それらを分析することにより、今後の〈C→E〉のあるべき道筋が描かれようとしている。そして、それは実は、パターンの違いを超えて、設立時に本来、地域と行政は何をするべきかを明らかにすることにもなるのであろう。

山浦氏は、全体としてこのような意図を持ちながら、大分県の宇佐市の取り組みを詳細に明らかにしているのである。

2　「形式先行型」組織をめぐる支援政策とその成果

先の図の〈A→C→E〉のようなプロセスを「形式（整備）先行型」と呼べば、ここで対象とされている大分県宇佐市の取り組みはまさに「形式先行型」であろう。

その特徴な点のひとつは、地域運営組織（宇佐市では「まちづくり協議会」呼ばれる――以下「まち協」とする）の設立にかかわる「5点セット」（山浦氏の命名）とされるパッケージ支援であろう。この5点は、①ノウハウ、②資金、③施設、④人材、⑤地域代表性（正統性）であり、実は冒頭で触れた、地域の課題解決のための地域運営組織に関する有識者会議の報告でも、組織設立にかかわる重要な要素として、いずれも取り上げられたものである。より詳細を見れば、支援や取り組み内容は、現時点では標準的なものもあるが、それが既に２００８年頃から準備され、しかもパッケージ化されている点は、先駆的取り組みと高く評価できる。

特に、次の2点は現時点でも注目される。第1に、資金確保の方法として、市外からの「ふるさと納税」を活用している点である（市を窓口とする個別のまち協への寄付）。これは、資金確保のために有効な手段であると同時に、まち協と都市住民（多くが地域出身者や関係者）を繋ぐ手段となっており、少なくない意義を持つ。第2は、市とまち協が協定を結んでいる点である。こうした組織が、地域を代表するものと認定し、そこに公的資金を含めて行政が各種の支援をするための根拠を「協定」という形で明確化しているのは重要であろう。この「地域代表性」の確保を条例により、市内全地域に網をかけるというやり方もあるが、協定締結では、形式的にも市役所―まち協が水平的な関係にあることが明確になる。これらの点は、今後、設立支援に力を入れようとする地方自治体にとっても、大いに参考となる実践であろう。

しかし、宇佐市のこの取り組みにはもうひとつの特徴がある。それは、組織の設立スケジュールが定型化されている点である。本文で詳細に紹介されているように、市として毎年1地区の設立を目指し、7月の現地説明会から始まり、9月の準備委員会発足、翌年3月の町づくり計画の完成、そして5月に発足総会という、年間の基本スケジュールがセットされている。これは、「市役所側の予算執行や人員配置の都合上、年度の区切りを意識したスケジュールにせざるを得ない」（16頁）からである。

もちろん現実にはこれ通りには進まないものもあろうが、行政サイドがこうしたスケジュールを意識している点や現実に多くの組織が概ね1年間で設立されているという実態はかなり特徴的であろう。そして、この方式については、「やや性急なスケジュールではありますが、これまで結果として順調にまち協が設立されており、大きな問題があるとは認識されていません」(16頁）と論じられている。

このようにして生まれた地域運営組織は、市の創意工夫に富む集中的な支援により、まず形を整えられ、今に至っている。そこで、その現状と展望を論じたのが本書の中核部分である。

まず現状については、主に同市の深見地区の取り組みが取り上げられている。この深見地区まちづくり協議会は、監修者も以前訪れたことがあるが、非常に活発な活動を行っている著名な組織でもある（その点で先の図で言えば、C点よりもかなりB点に近い存在である）。

印象的な取り組みを挙げれば、例えば、教育文化部会による「爺・婆先生」事業がある。これは、小学校で老人クラブメンバーが野菜づくりとその調理などを行うものであり、小学校と老人クラブの両者に好評である。また、地域づくり部会による小規模集落応援活動は、広域のまち協による世帯数が少ない集落の草刈りを支援するものであり、集落ネットワークとしてのまち協らしい活動といえよう。

このような事業の積み重ねにより、設立時（２００９年）にまちづくり計画で掲げた76事業のうち4割に相当する30事業が既に取り組まれているという。また財政規模も市からの一括交付金に加えて、各種の受託料（施設の制定管理等）や事業収入を加えて、総額で１５００万円を越える。かなり大きな規模であり、組織の活発さを反映している。

山浦氏が「着実に成果を出しているといえます」（23頁）というように、行政のパッケージ政策により、まず形が整えられ、それにより住民による「手作り自治区」としての内実も生まれつつある様子を見ることができる。

3 「形式先行型」組織の再編原則

著者は、こうした成果の一方で、問題点にも分析のメスを入れている。しかも、それらの状況は深見地区のみならず、他のまち協でも見られるものであり、組織の成り立ちと何らかの関係があることが予想される。

その問題点は山浦氏により「部会の空洞化と事務局依存傾向」と定式化されている。先の図で言えば、形式を整え、そしてその活動の中で内実が徐々に充実したC点から、より内容を充実するE点に向かうのではなく、逆に真下に下降する可能性が危惧されているのである。さらに、分析はこの問題の淵源に、設立プロセス、特に短期間での設立過程が関連していることを示唆している。

この点にかかわり、監修者も、数値目標などを定め、行政が主導してごく短期間に地域組織を設立する場合に、いくつかの問題点が生じ易いことを論じていた。それは多岐に及ぶが、あえて整理すれば、第1に、時間がないために、地域住民の当事者意識を醸成し、そこから内発するという基礎的プロセスをスキップしがちな点である。第2に、早く作るために、モデル組織やマニュアルに依存する傾向が生まれ、組織やその活動が地域の実情から乖離してしまうケースがあることである。第3に、短期間で設立するためには、町内会などの既存の組織に依存し、活用するのが手っ取り早く、それらを形だけ束ねたものになりがちである点である。

特に第3の点は重要である。集落レベルでは、意思決定が男性に偏りがちであるが、集落の枠組みを超えた組織となる地域運営組織では、女性も加えた議論や参加の場となるように、組織の仕組み自体を変える必要がある。また、組織の代表が集落のように短期（多くが1年）の輪番制ではなく数年間、持続的に担える体制も求められる。その点で、地域運営組織には「革新性」（イノベーティブ）が必要である。

以上の3点をやや強く表現すれば、第1の点は「内発性の軽視」、第2の点が「（地域的）多様性の否定」、また第3の点が「革新性の欠落」である。こうしたことが重なると、住民は、「本来は行政がやるべきことを無理にやらされている」という「やらされ感」をいつのまにか意識するようになる。逆に言えば、このような「やらされ感」から脱却するためには、「内発性」「多様性」「革新性」が地域運営組織には必要であるといえる。

つまり、もう一度図に戻れば、焦点となるC点は岐路である。「地域住民が、当事者意識をもって、地域で直面する課題を地域の仲間とともに手づくりで自らの未来を切り開くという積極的な対応」を行うE点（手作り自治区）に向かうのか、住民の「やらされ感」から失速するかという分かれ道である。そして、理想とするE点に移動するためには、先の3つの条件（原則）が確保されなくてはならないのである。

このことは、今回、本書の詳細な分析によりはじめて実証されたと言える。それを導く詳細な調査は大いに評価されるべきであろう。さらに、このことから、山浦氏が「RMOは地域コミュニティ組織であり、いくら行政との協定や認定証等の「お墨付き」があり、様々な事業で成果を上げても、地域住民の当事者意識や主体的な参画がなければ、RMOとは呼べない」(39～40頁）と強く論じたことを心に刻みたい。

なお、この点にかかわり、地域運営組織行政の最先発事例の一つと言える広島県旧高宮町（現安芸高田市）の児玉更太郎元町長は、以前より次のように語っている（当地では地域運営組織は「地域振興会」と呼ばれる）。「（地域）振興会の活動は一生やらにゃならんのだ。これでは、コミュニティが終わったいうことにはならんじゃけ、この地域が続く限り一生涯、この活動を続けにゃいけんのだから、そがにひどう焦らずに、ボツリ、ボツリやりましょうや」（児玉更太郎・小田切徳美・沼尾波子・金井利之『高宮町・地域振興会方式と町長・児玉更太郎』（公人社、2011年））。それは、地域コミュニティには、行政と異なるスピード感があることを教えてくれているのであろう。この言葉もまた噛みしめたい。

4 「手作り自治区」への課題

そして、この原則の再確保をめぐる活動が、本書の「Ⅲ」で語られている。特に深見地区では、その取り組みは山浦氏自身が主導する大分大学の域学連携活動として表れている。そのため、そこにはリアルでフレッシュな情報が溢れている。ここに登場する、深見まち協を事務局として支えてきたA氏による問題提起と地域住民の議論、当事者としてかかわる山浦氏の対応、さらにそれに呼応して新たなシステムを再構築しようとする市役所等、いずれも、それは「手作り自治区」への接近を意識した真摯なものであり、そのある種の一体感は感動的ですらある。おそらく、読者にも多くの気づきを与えることだろう。

とはいうものの、本書のタイトルにもあるように、それは「模索」であり、その成果は未来に現れるものである。そのため、短兵急な評価は避けたいが、次の点のみは指摘しておきたい。それは、この再生に向けた取り組みのほぼすべてにおいて、ワークショップが位置づけられている点である。それは、ワークショップには、直接的な「課題発見」などにとどまらず、多様な住民が対等にかかわり、地域住民の当事者意識を掘り起こすという、地域運営組織の基礎づくりに資する大きな意義があるからであろう。その点で、ワークショップは設立時のみに有効なものではない。計画の検証も兼ねて、むしろ設立後も定期的に行われるべきものであろう。

つまり、地域運営組織の全過程において、ワークショップの意義は、強調しても強調しすぎることはない。この点について、ワークショップの普及に長年尽力されていた山浦晴男氏の次の指摘は参考になる。「時代の変化に対応する革新の力、すなわち『問題解決組織』を再び自治コミュニティの中に再構築しようというのが、著者の主張である。その具体的で、実技的な手立てが、『寄りあいワークショップ』である」(山浦晴男『地域再生入門』、筑摩書房、2015年)。深見地区をはじめとする宇佐市では、ここで言われている「革新の力の再構築」が、ワークショップの積み重ねにより、いま行われているのである。

最後に、本書が明らかにした内容にかかわり、次の点も論じておきたい。本ブックレットのひとつの結論として導かれた地域運営組織の設立に十分な時間をかけることの重要性は、実はそのまま地方創生のあり方に当てはまる。ともすれば、短時間での成果を求められがちな地方創生であるが、地域を急がせること自体が、住民の「やらされ感」が地域運営組織の停滞や後退を招いたと同様に、地域の国などへの依存意識を生み出すという可能性もあり得る。それは、地方創生とは正反対の動きであろう。ここでも、やはり、「内発性」「多様性」「革新性」の確保が求められており、そのための時間軸が意識されねばならない。こうした重要な点もまた、この現場に根ざしたブックレットは問題提起しているのである。

【著者略歴】
山浦 陽一［やまうら よういち］
〔略歴〕
大分大学経済学部准教授。1979年、東京都生まれ。東京大学大学院農学生命科学研究科博士課程修了。博士（農学）。財団法人日本農業研究所研究員を経て2009年より現職。
〔主要著書〕
『農山村再生に挑む』岩波書店（2013年）共著、『大規模経営の成立条件』農山漁村文化協会（2013年）共著、『農山村再生の実践』農山漁村文化協会（2011年）共著。

【監修者略歴】
小田切 徳美［おだぎり とくみ］
〔略歴〕
明治大学農学部教授（同大農山村政策研究所代表）。1959年、神奈川県生まれ。東京大学大学院農学生命科学研究科博士課程単位取得退学。農学博士。
〔主要著書〕
『農山村再生に挑む』岩波書店（2013年）編著、『農山村は消滅しない』岩波書店（2014年）単著、『世界の田園回帰』農山漁村文化協会（2017年）共編著、他多数

JC総研ブックレット No.20
地域運営組織の課題と模索

2017年4月28日 第1版第1刷発行

著　者 ◆ 山浦 陽一
監修者 ◆ 小田切 徳美
発行人 ◆ 鶴見 治彦
発行所 ◆ 筑波書房
東京都新宿区神楽坂2-19 銀鈴会館 〒162-0825
☎03-3267-8599
郵便振替 00150-3-39715
http://www.tsukuba-shobo.co.jp

定価は表紙に表示してあります。
印刷・製本＝平河工業社
ISBN978-4-8119-0508-2 C0036

「ＪＣ総研ブックレット」刊行のことば

筑波書房は、人類が遺した文化を、出版という活動を通して後世に伝え、人類がそれを享受することを願って活動しております。１９７９年４月の創立以来、このような信条のもとに食料、環境、生活など農業にかかわる書籍の出版に心がけて参りました。

20世紀は、戦争や恐慌など不幸な事態が繰り返されましたが、60億人を超える世界の人々のうち8億人以上が、飢餓の状況におかれていることも人類の課題となっています。筑波書房はこうした課題に正面から立ち向います。

グローバル化する現代社会は、強者と弱者の格差がいっそう拡大し、不平等をさらに広めています。食料、農業、そして地域の問題も容易に解決できないことが山積みです。そうした意味から弊社は、従来の農業書を中心としながらも、さらに生活文化の発展に欠かせない諸問題をブックレットというかたちで、わかりやすく、読者が手にとりやすい価格で刊行することと致しました。

この「ＪＣ総研ブックレットシリーズ」もその一環として、位置づけるものです。課題解決をめざし、本シリーズが永きにわたり続くよう、読者、筆者、関係者のご理解とご支援を心からお願い申し上げます。

２０１４年2月

筑波書房

JC総研 ［JC そうけん］

JC（Japan-Cooperative の略）総研は、JA グループを中心に４つの研究機関が統合したシンクタンク（2013 年４月「社団法人 JC 総研」から「一般社団法人 JC 総研」へ移行）。JA 団体の他、漁協・森林組合・生協など協同組合が主要な構成員。
（URL：http://www.jc-so-ken.or.jp）